小学生安全防护读本

家庭生活安全书

孙宏艳 ▽ 编著

北方联合出版传媒（集团）股份有限公司

辽宁少年儿童出版社

沈 阳

© 孙宏艳　2016

图书在版编目（CIP）数据

家庭生活安全书 / 孙宏艳编著. — 沈阳:辽宁少年
儿童出版社，2016.7
（小学生安全防护读本）
ISBN 978-7-5315-6841-4

Ⅰ. ①家… Ⅱ. ①孙… Ⅲ. ①安全教育－少儿读物
Ⅳ. ①X956-49

中国版本图书馆CIP数据核字(2016)第134922号

出版发行:北方联合出版传媒（集团）股份有限公司
　　　　　辽宁少年儿童出版社
出 版 人:张国际
地　　址:沈阳市和平区十一纬路25号
邮　　编:110003
发行部电话:024-23284265　23284261
总编室电话:024-23284269
E-mail:lnsecbs@163.com
http://www.lnse.com
承 印 厂:阜新市宏达印务有限责任公司

责任编辑:马　婷
责任校对:高　辉
封面设计:白　冰　程　娇
版式设计:程　娇
插　　图:程　娇
责任印制:吕国刚

幅面尺寸:150mm × 210mm
印　　张:3.25　　字数:51千字
出版时间:2016年7月第1版
印刷时间:2016年7月第1次印刷
标准书号:ISBN 978-7-5315-6841-4
定　　价:12.00元

目 录

机智の鬼

独自当家

...一个人在家时的安全防范

　　独自在家的小朋友学习一些自我保护的技能是非常重要的。下面有两个发人深省的事例，让我们一起来看看吧。

实例 **1**

　　丹丹下午放学后独自在家写作业。忽然有人敲门，她站在小凳子上透过门镜，看见一位阿姨站在门外。那位阿姨说她是查煤气表的，丹丹不假思索地打开了防盗门。但是进来的并不是那位阿姨，而是两个膀大腰圆的男人。原来，他们藏在防盗门的侧面，丹丹从防盗门的猫眼里是看不到的。那两个男人冲进房间，一把捂住丹丹的嘴，用胶带把她的嘴封严，用绳子把丹丹绑在旁边的小凳子上。随后翻箱倒柜将家里值钱的东西洗劫一空……

从门镜看到的是

还有一个例子，结果却是截然不同的。

实例 2

　　星期天，红红的父母出去买东西，红红正在家里看动画片，这时，门铃叮咚叮咚地响了起来。红红起身问："谁呀？"只听外面的人说："我是你爸爸的朋友，他们刚才出去买东西忘记带包了，让我回来拿。"红红警觉起来，刚刚要开门的手又收了回来。她想：爸爸妈妈为什么不自己回来拿，还要让别人拿？她又想起了爸

爸爸妈妈为什么不自己回来拿，还要让别人拿？

爸爸妈妈临走时嘱咐说，谁叫也不要开门。

爸妈妈临走时嘱咐的话："谁叫也不要开门。"于是红红说："让他们自己回来拿吧。"外面的人又说："你爸爸妈妈正在那里排队，没带够钱，特地叫我快点儿回来帮他们拿包的。"红红听了不仅不理，还拿起电话悄悄打爸爸的手机。不巧的是，爸爸没开机。红红又打妈妈的电话，没想到妈妈的电话却在家里的桌子上响了起来。尽管如此，红红还是不打算给门外的人开门，并且对着门外大喊："我爸爸刚才打电话回来了，说不用拿包了，他们不买东西了，马上回家来！"爸爸妈妈回来后，红红问起是否让别人来家里拿包的事情，爸爸妈妈惊出一身冷汗，爸爸连声说："多亏我嘱咐了几句，也多亏我闺女警惕性高。"

独自在家，要注意哪些事项

- 当一人在家时要关好门窗，如果有人敲门，不要慌张，要从门镜中看清来人是谁，再决定要不要开门。不管什么理由都不要给陌生人开门。

- 如果来人不走，小朋友可以假装父母在家，大声地喊："爸爸妈妈，有人找你们！"或者说："我爸爸正在睡觉，你改天再来吧！"这样可以把坏人吓跑，或采取其他方法让来人离开。

- 记住爸爸妈妈单位的电话或手机号码，开门之前先与爸爸妈妈联系。

- 如果有坏人撬门，要赶紧给父母或亲戚打电话，也可以给邻居打电话，请他们到你家门前来看看。打电话声音要尽可能小一些，不要让门外的人听到。

- 如果亲戚朋友的电话都不记得，直接拨打"110"报警，说清楚家里地址。

- 陌生电话要当心，遇到陌生人打来电话时，一定要有警觉性，不要轻易回答如"你父母在家吗？""你爸爸妈妈什么时候回来？"之类的问题，也不要因为事先来过电话就放松警惕。

陌生人已经闯入家里该怎么办

- 不要顽强抵抗，保护生命才是最重要的。

- 如果有陌生人已经闯进房间，表面上要尽可能地配合他们，不要与他们硬拼。

- 记住陌生人的相貌，报案后协助警方调查。

- 趁陌生人不注意自己的时候逃跑。坏人翻东西时，如果你能蹑手蹑脚地跑掉是最好的，这时可以将门迅速反锁。逃出去后尽快报案。

- 根据当时情况随机应变，不要过于慌张，沉着才能更机智。

当一个人在家时，门铃响了，透过门镜看到的是一个不认识的人，这时小朋友们该怎么办呢？

黄小民是小学三年级的学生，星期六独自在家。忽然响起了敲门声……

小·测验

请你判断下面的做法是否恰当，恰当的请画上😊，不恰当的请画上😣。

1.王芳正在家做暑假作业，突然接到一个电话称是她爸爸的朋友，要给爸爸送茶叶，问她爸爸在不在家。王芳告诉那个人爸爸出差了，妈妈也不在家。过了一会儿，那个打电话的人敲门说把茶叶送过来了。王芳一听是打电话的人，就打开了房门。

2.桐桐家门外来了一个叔叔，说他是爸爸的同事，肩上还扛着一袋米。他还说是爸爸让他来送米的。看那位叔叔满头大汗，桐桐给他打开了门。

3.一个人在家时，有查电表、水表、煤气表的人敲门，应该开门让他们进家查表。

小学生安全防护读本

4.夏天一人在家时为了通风要把门窗全部打开。

5.一位阿姨来到霏霏家门前,说她是楼上的邻居,衣服掉到霏霏家阳台上了,想要进来捡一下。霏霏不认识这位阿姨,但阳台上确实有一条花裙子。霏霏对阿姨说:"我爸爸在睡觉,您等会儿再来吧!"阿姨说她急用那条裙子。霏霏又想了一个办法:"您到楼下去,我从窗户把衣服扔下去。"

1.有些歹徒往往用这种假装熟人的办法来骗取小孩子的信任。不要因为他曾经打过电话就轻易开门。

2.即使是熟人,你也要提高警惕不能开门,但是可以问他有什么事情,记下来转告给父母。如果来人必须进门才能办事,你应该给父母打电话先确认一下,他们同意后再开门。

3.😖 不要给他们开门，应该请他们改天再来，即使他们手里拿着证件，也不要轻易相信。

4.😖 夏季天气炎热，住楼房的人可以打开窗户通风，但不能把防盗门打开，防止坏人乘机而入；住平房的人即使炎热也不要打开门窗，如果要写作业可以搬简易的桌椅，锁好房门，到外面凉快的地方写作业。

5.😊 霏霏的做法非常聪明，有些小区就发生过类似的案件。如果你把陌生人当成邻居让她进门拿衣服，很有可能上当受骗。

提防厨房里的炸弹

安全使用高压锅

家里厨房中最常见的高压锅,存在着很大的安全隐患。在使用前,应该了解一些相关常识,让高压锅成为我们身边的"帮手",而不是"杀手"!

实例 1 ●●●●

一天傍晚,田田的妈妈在家里用高压锅煮小米粥,高压阀冒气有一分钟左右时,她将火关小,就忙家务去了。不料没多久,就听见厨房传来"砰"的一声巨响,高压锅爆了,锅盖被炸翻在地,小米粥溅得满厨房都是。这只高压锅是田田姥姥买的,已经用了十多年了,从未出过事,这次一出就是个大事,幸亏当时厨房里没人,才躲过一劫。

实例 2 ●●●●

一个星期日的中午，王凯把米洗好放入高压锅内，和往常一样加好水盖好盖子，压上限压阀，谁知就在这时高压锅发出一声沉闷的爆炸声，厨房内一片狼藉。事后，专业人员对王凯家高压锅爆炸事件进行了缜密的分析后得出结论：这是一起严重违反操作规程的事故。原来，王凯前一天用高压锅煮粥，稠稠的米汤水堵住了溢气孔，洗锅盖时又没有及时疏通，造成锅内压力增高后无法溢气，因此发生爆炸。

小·知识1：高压锅的寿命有多长

2002年以前，高压锅规定的正常使用年限为8年，2002年以后，推荐使用的期限已经缩短为5年。如果超过使用年限仍在使用极易出事故。

小知识2：高压锅为什么会爆炸

高压锅使用多年后，经过多次高温高压，铝合金晶体的结构会发生一定的变化，材质也会变得疏松，引起强度下降，但这些变化都很细微，肉眼往往难以察觉。如果超出安全使用期，高压锅的锅体及相关部件的抗压能力会明显下降，继续使用就非常容易出现锅体爆炸事故。

家里使用的高压锅，出现了意外情况，应该怎么办？

1. 厨房里"砰"的一声巨响。

2. 用湿毛巾护住头脸。

3. 然后冲过去把火关灭，再把湿毛巾盖在锅上。

4. 退到一旁，等待毛巾下面不再有稀饭喷出。

5. 将高压锅端到水龙头下用凉水进行降温。

6. 高压锅逐渐冷却下来。

购买高压锅的注意事项

• 在正规商场购买正规厂家生产的高压锅，防止购买到假冒伪劣产品。

• 购买时看清生产日期，避免因商品积压或库存时间过长而缩短安全使用期限。

• 索要并保存好发票，一旦发生质量问题，可作为有效购物凭证与经营者交涉。交涉不成的，要及时向工商、技监、卫生监督等部门投诉或向法院起诉。

• 推荐使用电压力锅，电压力锅技术成熟，操作简单，安全系数相对高一些。

使用高压锅时的注意事项

● 在使用前要仔细检查锅盖的阀座气孔是否畅通，安全塞是否完好。如果高压锅的锅盖有些变形，不要凑合使用。

● 加盖合拢时，须旋入卡槽内，上下手柄对齐。

● 烹煮时，当蒸汽从气孔中开始排出后再扣上限压阀。

● 切勿在限压阀上增加重量或用其他重物代替限压阀。

● 当加温至限压阀发出较大的声时，要立即调整火力，最好用小火。

● 烹煮时如发现安全塞排气，要先关火，等高压锅冷却后尽快更换新的易熔片，切不可用铁丝、布条等东西堵塞。

● 烹煮过程中不要随意打开高压锅。

● 高压锅排完气后过几分钟再打开锅盖，让高压锅的压力缓解一下。

高压锅烹饪不同食品的注意事项

- 严格按照使用说明书的限制容量要求进行烹调，不要超过标准，放太多食物。

- 使用时，锅内食物和水加在一起不得超过锅身高度的四分之三。

- 海带、豆类等易膨胀的食物，应注意加水比例，不得超过锅身高度的二分之一，以免豆类食品煮熟后堵住限压阀。

- 苹果酱、大麦粉、通心粉等会产生泡沫并突然隆起飞溅的食物，不要用高压锅烹饪。

 ## 高压锅爆炸时的急救措施

- 一旦发生爆炸，有人员受伤，要尽快拨打"120"急救。

- 在医疗、公安、消防等部门人员到来之前要注意维持秩序，初步急救，烫伤者尽快用凉水降温。

- 检查伤员受伤情况，先救命、后治伤。

- 保持呼吸道通畅。迅速设法清除伤者气管内的尘土、沙石，防止发生窒息。

- 神志不清者头侧卧，以使呼吸道通畅。

- 心肺复苏。呼吸停止时，立即进行人工呼吸和心脏按压。

- 已发生心脏和肺损伤时，慎重应用心脏按压技术。

- 外伤急救。对伤者就地取材，止血、包扎、固定。

- 搬运伤员时，注意保持脊柱损伤病人的水平位置，以防止移位导致截瘫。

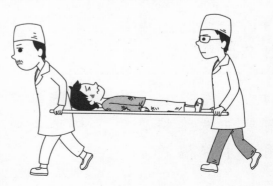

请你判断下面的做法是否恰当，恰当的请画上☺，不恰当的请画上☒。

1.妈妈在清洗高压锅时，仔细地查看并清理了溢气孔。爸爸嫌妈妈做事太慢了，就一个高压锅没必要那么麻烦。但妈妈却坚持自己的做法。她说小问题往往带来大问题。

2.恬恬用高压锅煮肉时，加水加盖后，直接把限压阀盖好。

3.田惠计划做些山楂酱，为了节约时间，她用高压锅来煮山楂。

4.李大妈家的高压锅用了10年了，儿子让她换一个新的，可李大妈坚决不同意。她跟儿子说过日子要节约，锅看起来好好的还能用，不能浪费。

答案

　　1. 😊 使用高压锅时，必须保证溢气孔畅通，这样才能使锅内压力正常。如果在清理高压锅时马马虎虎，就有可能使溢气孔被堵塞，使锅内压力过大，从而导致高压锅爆炸。因此，妈妈的做法是对的，是对自己生命负责的表现。

　　2. 😵 使用高压锅时，要等到蒸汽从气孔中开始排出后再扣上限压阀。

　　3. 😵 不应用高压锅烹煮果酱类食物，因为它们很容易使溢气孔堵塞而发生危险。

　　4. 😵 高压锅的安全使用期一般为5年，绝对不可以使用超期服役的锅。过日子节约可从其他方面体现，关乎生命安全的事情切不可大意。

无形杀手

危害大

煤气中毒怎么办？

一氧化碳

煤气就像一个无形的杀手，如果不懂得正确的使用方法，随时都有可能危及我们的生命安全。

实例 1 ●●●●

2013年年底，眼看就要过年了，在北京的一个小区里却发生了一幕惨剧。哈尔滨医科大学来北京中日友好医院实习的大学生们，被发现在一个民居楼里因一氧化碳中毒身亡！他们躺在房间里，有的趴着，有的仰着，有的鼻孔流血，有的口吐白沫。他们租住的房屋卫生间里安装了燃气热水器，正是这个老式热水器惹的祸。

原来，这个房子是个老楼，由于受条件的限制，燃气热水器安装在卫生间里，一个排烟管道从窗户中伸出去。当时正值冬天，可能是因为风大，使燃气热水器排放的一氧化碳被风吹反灌回房间，导致了当时在室内的大学生们一氧化碳（煤气）中毒。

小知识1：什么是煤气中毒

　　煤气中毒主要是指一氧化碳中毒、液化气中毒、天然气中毒、管道煤气中毒等。凡是含有碳有机物质，如煤、石油、木材等物质，如果不能完全燃烧，就有可能释放出一氧化碳。一氧化碳是一种没有颜色、没有味道的气体，我们用鼻子也闻不出它的气味。在日常的生活中，用火炉、煤炉取暖时，缺乏通风排烟设备，或者设备陈旧失修，在使用煤气热水器时，缺乏安全使用知识，或者产品本身不合规格，都有可能发生一氧化碳中毒。

小知识2：煤气中毒有哪些症状

　　煤气中毒的人会感到头疼、头昏、恶心、呕吐、软弱无力。一般情况下，煤气中毒根据轻重程度可分为三种：

　　轻型：中毒时间短，吸入一氧化碳少。表现为头疼、眩晕、心悸、恶心、呕吐、四肢无力、短暂昏厥。

中型：中毒时间较长，吸入一氧化碳较多。表现为虚脱、昏迷、抽搐、两颊及前胸皮肤会呈现樱桃红色。

重型：中毒时间很长，发现时间晚，吸入一氧化碳很多，表现为深度昏迷，四肢发冷、大小便失禁，血压下降、呼吸急促，严重者会死亡。

自护
智多星

煤气中毒该怎样救护？

发生煤气中毒怎么办

- 先切断气源。

- 打开窗户更换屋内空气。

- 拨打"120"求救。要说清楚具体方位和地址。

- 如果有可能,将中毒者移到通风良好、空气新鲜的地方,注意保暖。

- 给中毒者解开衣扣和腰带,保持呼吸道通畅,清除口鼻分泌物。

- 如果发现呼吸骤停,应该立即进行口对口人工呼吸,并做心脏体外按摩。也可以掐中毒者的人中部位(鼻子下方)。

使用燃气热水器的注意事项

- 安装热水器时要把热水器同洗澡间分开。

● 不能使用老化或已经被禁止使用的直排式燃气热水器。

● 洗澡和睡觉时都要注意安装热水器的房间的通风。

● 购买燃气热水器时，要选择强排式的。

● 热水器不能超龄服务，使用几年后要定期更换。

使用煤气罐的注意事项

● 掌握煤气罐的使用顺序。

● 煤气罐应放在通风、远离可燃物的地方。

● 使用前如发现有异味，不要点火，应先检查是否漏气。

- 先打开煤气罐上端的阀门，划着火柴，凑近火眼，再开炉灶的阀门，让火等气，而不能让气等火。

- 使用过程中不要远离煤气罐。如果火被风吹灭了，或者锅中的汤、水流出来将火浇灭，就很容易造成大量气体漏出，引起煤气中毒。

- 用完后关好炉灶上的阀门和煤气罐上的阀门。

- 一旦闻到屋中有煤气味，切记不要先点火或打电话、按门铃等，以免发生火灾或爆炸。

- 经常检查煤气罐是否漏气。如果你闻不出是否漏气又想检查一下，不要用火去点燃灶头，而要用肥皂水测试。一旦发现漏气处，应立刻用湿布、肥皂堵住，打开门窗通风，并用扇子等物将地面上的气体赶出去。此时也不要用电器开关，任何一点儿明火都有可能导致惨祸的发生。

使用煤炉取暖的注意事项

- 尽量不要用煤炉取暖。

- 经常清扫烟筒，以防烟筒被堵，保持烟筒透气良好。

- 窗户上要安装排风扇，保持空气流通。

- 经常检查烟筒是否有裂缝，如果有裂缝要赶快堵上。

- 每天晚上入睡前要关好挡火门。

小·测验

请你判断下面的做法是否恰当，恰当的请画上☺，不恰当的请画上☒。

1.一位母亲发现儿子和儿媳煤气中毒，她拨打了求救电话之后，迅速将儿子和儿媳从被窝里拉出来放到院子里，并用冷水泼到儿子身上。因为她听说煤气中毒者冻一下就会醒来。

2.鹏鹏家至今还使用煤炉取暖。每天晚上临睡前，妈妈都喜欢端一盆清水放在房间里。妈妈说清水可以吸收煤气味，保证房间里的人不会煤气中毒。

3.畅畅在奶奶家煤气中毒，当时他昏迷了半个多小时，在乡村医生的抢救下才恢复了神志。等他一醒过来，奶奶就把他带回了家。爸爸得知这件事以后，一再要求把畅畅带回城里进一步检查和治疗。畅畅和奶奶都觉得爸爸的行为是多此一举。

答案

1.  寒冷的刺激会加重缺氧，而且还会导致末梢循环障碍，诱发休克和死亡。因此，发现煤气中毒者一定要注意给其保暖，不可放到冷处去冻着或者泼冷水。

2. 煤气的主要成分是一氧化碳，它是不溶于水的，因此用水是无法预防煤气中毒的。妈妈的做法不能真正解决问题。关键还是不要把门窗关得太严，或者在家中安装换气扇。

3. 爸爸这样做并不是多此一举。煤气中毒者必须经过医院的系统治疗才能脱离危险。如果中毒较重或者有并发症，出院以后还要口服一些药物。因此刚刚从昏迷中醒来就离开医院是不对的。

家庭烫伤不可马虎

烫伤时的处置方法...

烫伤是常见的儿童意外伤害，如果我们平常注意预防，了解一些烫伤的急救常识，就可以避免烫伤，或者减轻烫伤的程度。

实例
1

牛牛早晨起床后发现爸爸妈妈已经上班了，早餐中有几个昨晚煮好的鸡蛋。牛牛拿起鸡蛋要放进微波炉里加热，这时，他想起老师教过，带壳儿的鸡蛋不能放进微波炉，于是把两个熟鸡蛋剥了外壳儿放进微波炉，用中火加热了2分钟。他拿出鸡蛋来，正准备咬一口时，"砰"的一声巨响，鸡蛋突然爆炸。经大夫检查，牛牛面部有近十处被烫伤，口腔内也被烫伤。

小学生 安全防护 读本

去皮的熟鸡蛋，蛋青密封效果仍然很好，用微波炉加热后很容易变成伤人的"炸弹"。使用微波炉时，如果要把带硬壳或带皮的密封食品放进微波炉里，必须先进行"开封"处理，然后才能用微波炉加工。

实例2

夏天的一个中午，冬冬照常在幼儿园吃午饭，老师将刚烧好的饭菜从食堂拿到教室，随手将盛满热汤的铝桶放在教室进门处，桶上没有加盖，两位老师给小朋友们分饭菜时，在汤桶边排队领饭菜的冬冬突然被身后的小朋友撞了一下，跌进滚烫的汤桶里，造成深度烫伤。

小·知识1：如何判断烫伤的情况

烫伤（或烧伤）因受伤程度不同而分为三度：一度为表皮受伤，属于轻度烫伤，表现为红肿起水泡，有强烈的疼痛感；二度是伤及皮下组织，属于重度烫伤，伤处皮肤呈深红色，且感觉不太疼，有较大的水泡；三度是伤及了脂肪、肌肉甚至骨头，伤处发黑发焦。一般在家庭中，由于热水热汤等烫伤的情况多为一、二度；热油或直接被火烧到可导致三度烫伤。

小·知识2：烫伤后应如何急救

烫伤后，迅速避开热源，在水龙头下用冷水持续冲洗伤部，或将伤处置于盛冷水的容器中浸泡。这样可以使伤处迅速、彻底地散热，减少热能向深层组织扩散，使皮肤血管收缩，减少液体渗出与水肿，缓解疼痛，减少水泡形成，防止创面形成疤痕。

家庭生活安全书

　　甜甜是个很懂事的孩子，每天放学后总要帮爸爸妈妈做些家务。这天，爸爸做饭，甜甜就帮着打下手，一会儿拿碗拿筷，一会儿又端菜端饭。一碗香喷喷的汤做好了，甜甜双手端着汤，从厨房往外走。没想到脚下一滑，一个趔趄，滚烫的汤洒在了手上，疼得她直跺脚，眼泪都流出来了。爸爸一把将甜甜拉到水池前，打开水龙头，让凉凉的水慢慢地流到甜甜的手上。等她觉得不疼了，爸爸又找来一件干净的、软软的衣服盖在了她的手上，父女俩急忙去了医院。

如何预防烫伤

- 接触热源时要小心，在拿烧水壶和热水杯等物体前，先用手指背轻轻感觉一下其温度。

- 在拿着热水、热汤、热饭等物时，不要和其他人嬉戏玩闹。

- 在打开有蒸汽的锅或其他器皿时，先让其降温，而且不要让蒸汽直接面对手和脸。

- 炒菜时，油锅不要加热到温度过高；放入菜时，头脸离锅不要太近，以避免热油溅到皮肤上。

- 在学校做实验时，要遵照操作要求，小心拿放以及倾倒有腐蚀性或加热的药品。

- 不玩火柴、打火机、香烟、香等带有明火的东西。

- 不能把密封的食品放在微波炉里加热，避免爆炸导致烫伤。

小学生安全防护读本

烫伤后急救的处理方法

- 烫伤后不要惊慌，立即把烫伤部位浸入洁净的冷水中，直到没有痛与热的感觉。

- 越早用冷水浸泡，效果越佳。水温越低效果越好，但不能低于 $-6℃$。

- 烫伤范围过大，可全身浸泡在浴缸中(冬天除外)，若发生颤抖现象，要立刻停止冷却。

- 冷却后，用干净的纱布轻轻盖住烫伤部位，然后到医院就诊。

- 头、面、颈部的轻度烫伤，经过清洁创面涂药后，不必包扎，让创面裸露，与空气接触，可使创面保持干燥，并能加快创面复原。

- 对发生在四肢和躯干上的创面，可涂上烫伤药膏，再用纱布包敷。

● 如果皮肤有破损，不可用水直接冲洗。可以用75％的酒精或60度的白酒打湿毛巾，盖在烫伤处，并不断滴加酒精或白酒，保持毛巾湿润。因为酒精挥发时，能及时带走热量。

● 对于严重的各种烫伤，特别是头面、颈部，因随时会引起休克，要尽快送医院救治。

● 烫伤后，在伤口未红肿之前摘下烫伤部位佩戴的饰物。如大面积烫伤，需要迅速脱去鞋和衣服，如脱去不方便，可剪开。

烫伤急救中要避免什么

● 不要用黏性敷料包裹伤口，如石膏绷带、胶布、棉花或带绒毛的布。

● 不要抹牙膏、香油、化妆品、凡士林、酱油或食用油之类的东西，因为它们有可能污染烫伤的创面，使伤势恶化。

- 创面不要用红药水、紫药水等有色药液，以免影响医生对烫伤深度的判断。

- 不要压破或刺破任何水泡，因为这是身体本身的自然保护膜。

- 不要揉搓、按摩、挤压烫伤的皮肤，也不要急着用毛巾擦拭。

- 不要用冰敷伤口，否则，只会进一步破坏皮肤的细胞组织。

- 不要除去任何与伤口粘合在一起的衣服，以免撕破受伤部位的皮肤，令伤口有感染的危险。可以一面浇水，一面用剪刀把没有粘连的部位小心地剪开。

小·测验

请你判断下面的做法是否恰当，恰当的请画上☺，不恰当的请画上☒。

1.被热汤烫伤手臂后，立刻用毛巾擦。

2.烫伤的手背上，起了一个大水泡，可以把它刺破后再包扎。

3.热水洒到脚上后，立刻脱掉鞋，用自来水冲洗直到不感到疼痛为止。

4.烫伤后，用干净的毛巾包裹创口。

1.❌不可用毛巾擦烫伤部位，这会使皮肤破损，恶化伤势。

2.❌刺破水泡有可能感染伤口，还不利于皮肤恢复，可能产生疤痕。

3.☺先脱掉鞋，既消除了热量来源，又避免脚红肿后再脱鞋对皮肤的损伤；用冷水冲洗是最直接有效的减轻烫伤的方法。

4.❌烫伤后，不可以用有绒毛的材料包裹伤口。

与宠物安全相处

...面对宠物的自护秘籍

小猫、小狗等宠物带给我们快乐的同时，也对我们的健康造成威胁。那么，我们要如何与宠物安全相处呢？

2013年7月7日晚上，在大连医科大学附属第二医院的急诊科，发生了一场悲剧。一个6岁女孩，因被邻居家豢养的藏獒咬伤而丧失了性命。女孩的妈妈悲痛的哭声在走廊里回响，她胸前的衣服已经被女孩的鲜血染红了。女孩随着妈妈从河南来到大连，看望在大连打工的爸爸。结果，当妈妈带她到住所附近的小卖店买东西时，小卖店饲养的大狗冲了出来，咬伤了孩子，并导致小女孩毙命。

5岁的小美有条心爱的小狗贝贝。前几天贝贝拉稀了，什么也不想吃，小美难过得整天抱着贝贝不松手。爸爸妈妈就抽空带贝贝去了动物医院。几天后，小狗病好了，小美却浑身不舒服起来，先是拉稀，接着是发烧、头痛、关节痛、肌肉痛。医生对小美的大便进行化验和细菌培养，发现了空肠弯曲菌。医生说小美所患的空肠弯曲菌肠炎，是小狗贝贝传染的。

实例 3

丽丽特别喜欢她家的小花猫咪咪，天天还一同睡觉。不料，一次丽丽睡熟后压疼了小花猫，小花猫便抓破了丽丽的手臂。几天后，丽丽的伤口不见好转反而红肿，腋下、颌下淋巴结也肿起来，还高烧不退。医生给丽丽检查后，说："丽丽患的是一种被称为'猫抓热'的疾病，是被猫抓伤引起的。"

小知识1: 宠物有哪些常见的寄生虫病

宠物的寄生虫病分为两种：外寄生虫和内寄生虫。外寄生虫寄生在人体外部，如跳蚤、虱子等。如果皮肤对这些外寄生虫的叮咬过敏，会引起严重的局部红肿。内寄生虫寄生在人体内部，如蛔虫、绦虫、钩虫以及弓形虫等，这些寄生虫可以通过消化道传播。钩虫通过皮肤接触就可以传染人类，引起皮炎、便血以及营养不良。猫、狗粪便中有弓形虫的卵囊，唾液和痰中也有弓形虫，可从黏膜或破损的皮肤进入体内，导致人患病。症状有低热、头痛、咽痛、肌肉酸痛、乏力易疲劳等。

小·知识2：什么是狂犬病

　　狂犬病又叫恐水症，是由狂犬病病毒引起的人与动物共患的一种凶险的急性传染病。一旦患病，除非迅速得到处理，否则可致大脑受损，甚至死亡。被患狂犬病的动物咬伤或皮肤损伤处接触到狂犬病动物的唾液时可能染上此病。早期症状只是不太舒服，交替出现烦躁、忧虑、头痛、发热等症状，有时伤口周围瘙痒、疼痛。狂犬病发作期间，表现为高度兴奋、极度恐惧、怕风、怕水。听到水的声音，饮水或提到饮水时，都可引起咽喉肌痉挛，其他刺激如光、声音、碰触等都可引起全身疼痛性抽搐、呼吸肌痉挛、呼吸衰竭而死亡。从狂犬病毒感染到出现临床症状的一段时间就是狂犬病潜伏期，潜伏期长短不一为本病的特点之一。大多数人在3个月以内发病，年长者潜伏期较长，文献记载最长一例达10年之久。狂犬病对人的生命威胁极大，一旦发病，死亡率几乎100%，因此预防显得十分重要。

养鸽子要当心染上肺炎。当人与鸽子密切接触时，鸽子身上危害人体的真菌便通过呼吸进入人体。如"曲菌"可以引起支气管炎、支气管肺炎、肺脓肿和肺肉芽肿等疾病；新型隐球菌会在肺部引起炎症，导致发热、咳嗽、吐痰、胸痛等症状。养观赏鸟类则需防范"鹦鹉热"。鹦鹉身上一种叫"衣原体"的病原体，主要随鹦鹉的鼻腔分泌物及粪便排出体外，可经人体破损的皮肤、口腔、鼻腔等途径进入人体。患上"鹦鹉热"病后，除了持续发热外，还会出现剧烈的头痛、咳嗽和带血痰、食欲减退、呕吐、关节痛等症状，严重者还会呼吸困难，出现昏迷。金丝鸟、相思鸟、红雀、百灵鸟等都会传播"鹦鹉热"。

小朋友被动物咬伤后，应该如何处理？

被动物咬伤怎么办？

| 1 | 电梯里的人很多，还有一只小狗。 | 2 | 小毅碰到了那只小狗，小狗狠狠地咬了他的脚踝一口。 |

上学去的小毅

| 3 | 妈妈赶忙带他去了医院。 急诊 | 4 | 注射了狂犬病疫苗和免疫血清。 |

被动物咬伤怎么办

• 被动物咬伤后，应迅速用水仔细清洗整个伤口及周围。

- 如果伤口较深，要想办法深入其内部进行灌洗，如用注射器注水冲洗，尽量减少病毒的侵入。

- 疼痛明显者要进行局部麻醉，并将污血挤出，冲洗后用70%的酒精或2.5%的碘酒反复擦拭消毒。

- 对伤口初步处理之后，立即去医院治疗，伤口处理得越早，取得的效果越好。

- 要注射狂犬疫苗和免疫血清。

如何做好宠物的管理

- 宠物来源要健康，养在家里不要让它们在外边流浪。

- 喂洁净的水和熟食或狗粮、猫粮，不喂生食和被污染了的饮食。

- 宠物的食具要专用，并且要保持干净。

- 不要让宠物舔食主人的餐具或共用餐具。

- 不要让宠物睡在卧室内，也不能让它们上床，更不可以同床共眠。

- 经常给宠物洗澡。每天清理宠物休息的场所并定期消毒。

- 带宠物外出时，要避免其随地大小便，主人应该及时清理它的粪便。

- 定期体检，按要求注射疫苗，定期到医院、防疫站驱虫，如发现宠物粪便有虫，要随时驱虫。

- 宠物死亡后要很好地掩埋，不可随意丢弃，否则更易传染疾病。

如何对待别人家的宠物

- 不要靠近你不熟悉的猫狗或其他宠物，哪怕它的主人就在旁边。

- 在未得到主人同意的情况下，不要抚摸它们，更不要和它们闹着玩。

- 遇见陌生的狗，千万不要和它互相盯着眼睛看，因为它会认为你是在向它挑衅。

- 不要打搅正在睡觉、吃东西或正在照顾幼崽儿的猫狗。

- 狗到跟前的时候千万不要试图逃跑，要平静地站着，可能它只是想嗅嗅你的气味而已。

小·测验

请你判断下面的做法是否恰当，恰当的请画上😊，不恰当的请画上😖。

1. 关强到叔叔家串门，看到小狗叼着骨头很可爱的样子，便和它抢骨头玩。

2. 妈妈刚给艳艳买了只小猫，艳艳非常喜欢它，晚上常常搂着它一起睡。

3. 许芳每天中午喂过鹦鹉后，都要认真洗手。

4. 何宇每周末都给她的新宠物天竺鼠洗澡。

5. 朱旭每天放学回家后，都会亲吻小猫雪雪的鼻子作为问候。

1. (×) 动物吃东西时逗它们玩儿是很危险的，容易激怒它们而被抓伤或咬伤。

2. (×) 猫身上常常携带许多病菌，与猫一起睡觉很容易感染疾病。

3. (^_^) 和宠物亲密接触后，认真洗手可以防止感染病菌。

4. (^_^) 给宠物定期洗澡，可以清除它们身上的细菌和病毒，减少传播疾病的可能性。

5. (××) 动物的口鼻分泌物中有许多病菌，亲吻它们很容易使病菌直接进入身体，引起疾病。

「电老虎」

屁股摸不得

怎样才能预防触电...

电视机、电脑、洗衣机等电器给我们的生活带来方便的同时，也不免生出许多隐患。

实例 1 ....

湖北省一位名叫冯进的中学生给我们寄来了信，他在信中忧虑地说：

前不久，我们班转来一位新同学，他没有胳膊，只能用脚写字，样子很惨，老师说他的胳膊被高压电击伤截肢了。他的遭遇让我同情，也让我害怕。"电老虎"真是厉害，从那以后，我也有点儿怕电了。

还有一件事，我是从报纸上看到的，对我震动很大。报上说有位高三男生，高考结束后和朋友去北戴河玩。他们在一家餐馆吃饭时，一位游客不小心碰到了正在旋转的电风扇。风扇恰巧砸在那位学生的后背上，学生应声倒下。于是他的两个朋友急忙站起来去扶他，没想到也倒了下去。原来，电风扇后壳漏电，他的伙伴因缺乏这方面的知识也触电身亡。就在他们死后不久，高考录取通知书寄到了学校。

小·知识1：什么是触电

　　触电是一种电损伤，即一定量的电流通过人体，引起机体损伤或功能障碍，甚至死亡。触电者大多会产生心慌、惊恐、面色苍白、乏力、头晕等症状。触电严重的人还会抽搐、休克，甚至死亡。触电还有可能造成并发症，如失明、耳聋、精神失常、瘫痪等。而且，触电时间越长，对生命的危害性越大。

小·知识2：什么是高压电

　　低于36伏的电压为安全电压。一般情况下，民用电压为220伏，工业用电为380伏，而高压电压大多在上万伏。当你走到路边看到一些电线杆上写着高压电时，就要特别注意安全。

一天放学后，玛丽亚正在往家走，突然，不知道是谁大叫了一声，只见一名男孩抓着一根细绳，后面的人又去抓他，远远看起来像十分想离开而又无法离开的样子。玛丽亚突然觉得有点儿不对劲儿。她发现几名男生脸上的表情显得十分恐惧、惊慌，身体也在挣扎。顺着他们的身体向前探望，发现他们抓的竟然是一根断了的电线。糟糕！他们触电了！

想到这一点，她并没有贸然地跑过去拉那几名男生。她知道，如果那样做，自己也会触电。正焦急时，她低头发现了自己穿的尼龙裙子！记得老师讲过，橡胶、尼龙、木头等东西是不导电的，她马上脱下裙子，并将裙子叠成一团儿，垫在手里，伸手试探着去拉一名男生。果然没有触电！这使玛丽亚心里有了底儿，电的吸力很大，她使足了全身力气去拉那名男生。终于把他拉下来了！玛丽亚在使劲儿拉第二名男生时，她突然灵机一动，把手中的尼龙裙子又团了团，然后抓住电线，使足全身力气一拽，几名男生都得救了！

怎样预防触电

• 家中购买电器要精心挑选，使用前要看说明书，严格按照要求去做。

• 要经常检查家庭中的电器，尤其是插头部分，要检查是否存在漏电现象。如果电线有破损等，要及时更换。

● 不要乱拆乱装电器设备，也不要乱接电源线或电源插座。

● 插拔插销时要捏住插销上头的橡胶部分，注意不要触碰到金属部分。

● 湿手不要去触动各类电器设备，更不要去碰触开关。也不要用湿抹布等清洁电器。

● 如果电源线破裂，要用专业的绝缘胶布包裹，不能用医用胶布，更不能用普通棉布缠裹。

● 清洁家中的电器时，首先要看说明书，在清洁前要先切断电源。

有人触电怎么办

● 如果你发现有人触电，此时最重要的事是切断电源。

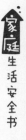

- 如果一时找不到电源，可用干燥的木棍、竹竿等拨开电线，千万不要用金属或湿木材接触触电者，以免自己发生触电。

- 如果你在短时间内找不到合适的东西来拨弄电线，或者伤员已经呼吸微弱，要想办法将电线剪断、砍断，从而使触电者脱离电源。但要注意不要用铁剪子等，以免触电。如果要使用，需要穿上胶鞋、戴上胶皮手套等绝缘物品。

- 如果触电者正好跌倒在潮湿的地方，注意不要直接过去救他，而要穿上胶鞋，或者站在干燥的木板上救人。

- 如果没有橡胶类的手套，可用干燥的围巾、毛巾等套在手上，或者给触电者盖上塑料布、干燥的衣服毛毯等，再去救助。

- 舍己救人固然值得尊重，但生命毕竟是宝贵的，尤其是面对"电老虎"的时候，更要提倡智慧救人。

高压电下要注意什么

● 不要在高压线、变压器等附近玩耍。

● 如果风筝、气球等落在电线上，即使不是高压线、变压器也不要去捡回来。

● 如果有人触了高压电，你千万不要因为救人心切而贸然接近伤者，强大的电流会连你也不放过。只有关了电源，你才能接触触电者。

帮助爸爸妈妈检查家中的电隐患

● 家里的电线有没有老化和破损的。

● 家中是否同时使用很多电器。

● 电线的插头、插座是否完好，有无保险开关。

● 不用的电源开关是否及时拔掉。

小学生安全防护读本

请你判断下面的做法是否恰当，恰当的请画上😊，不恰当的请画上😣。

1.一个小朋友不幸触电，倒在水洼里。为了救人，小辉赶紧跑过去，用双手拉起受伤者，想把他背到安全的地方。

2.鹏鹏家的灯坏了，爸爸为了节约，把灯头部分拧下来，将断了的灯丝重新接起来使用。

3.春节快到了，妈妈要给家里的电器打扫卫生，妈妈请小红把所有电器的电源线都拔下来。小红不明白，有必要这么麻烦吗？

4.家里的灯泡突然不亮了，正在洗衣服的妈妈想检查一下灯泡是否已经坏了。她伸手去拧灯泡时，感觉胳膊阵阵发麻。妈妈的做法对吗？

1.  倒在水洼中的小朋友身下有水，水是导电物质。要想救他，需穿上胶鞋，或者断掉电源，或者用木棍扒拉开电线。

2. 重新搭接过灯丝的灯泡不能使用，易漏电。

3. 妈妈的做法虽然麻烦，但却很安全。否则，用湿布擦电器的时候，很容易触电。

4. 手湿的时候不要去碰灯泡等任何电器。如果要检查，可以先关掉灯泡电源，或者将手擦干，拧灯泡时不要碰到金属接口。

小学生安全防护读本

谨防「病从口入

口入

······小心防范食物中毒

　　俗话说"病从口入"，食物中毒事件都是由于吃了不洁食物而导致的。

　　2013年5月22日上午，和往常一样，青海省大通县女子完全中学的学生们在课间吃了学校发放的营养餐：牛奶和桃酥饼干。刚刚就餐没一会儿，一些学生就反映牛奶好像味道不对，有些辣味儿。可是，很多同学都想也没想就喝完了牛奶，吃了桃酥饼干。不到10分钟，有的同学就开始胃疼，有的头疼、恶心……后来发现，大通县72所学校中，有56所学校的学生出现了不同程度的呕吐、腹泻、头晕、头疼等反应。事件发生后，大通县立即对全县4.2万名中小学生进行了"拉网式"排查，最终发现全县共548名学生被送往医院观察治疗，其中179人当天晚上留院治疗。

小知识1：什么是食物中毒

食物中毒是指摄入了有毒有害食品或者把有毒有害物质当作食品摄入后出现的急性、亚急性疾病。食物中毒是不传染的疾病。

小知识2：食物中毒的类型

食物中毒可分为不同类型：食用了不干净或变质的食品引起的中毒，属于细菌性食物中毒；食用被农药等化学品污染的食物引起的中毒，属于化学性食物中毒；食用毒蘑菇等真菌引起的中毒，属于真菌性食物中毒。

为了食品安全，应该从正规的市场选购食物。

隔壁的许大婶从小贩那里买了蘑菇。

许大婶一家晚饭喝了蘑菇肉丝汤，之后便发生食物中毒。

随后一家三口被送进医院抢救。

引起食物中毒的主要原因

● 某些致病性微生物污染食品并急剧繁殖，以致食品中存有大量活菌，产生大量毒素。

● 有毒化学物质混入食品并达到能引起急性中毒的剂量，如农药的污染。

● 食品本身含有毒成分，如河豚含有河豚毒素，而加工、烹调方法不当，未能将其除去。

● 食品在贮存过程中，由于贮藏条件不当而产生了有毒物质，如马铃薯发芽产生龙葵素。

● 某些动植物摄入了有毒成分，也因此变得有毒（如吃了毒藻的海水鱼、贝）。

● 某些外形与食物相似，而实际含有有毒成分的植物，被作为食物误食而引起中毒。

如何预防食物中毒

- 养成良好的卫生习惯，对餐具做到专人专用，并经常消毒。

- 不去无卫生许可证的餐馆进食，不光顾无证的小食品摊点。

- 不购买无合格证、过期和假冒伪劣的食品。

- 不进食未煮熟的食物。

- 不追求食用奇特怪异的动植物，因为其成分不明，易发生中毒现象且不好救治。

- 药品和食品应分开存放，以免误食中毒。农药更应放在安全的地方。

- 对腐烂变质的食物坚决丢弃。

购买和储存食物时预防食物中毒

- 购买的食物要新鲜，特别是肉类、鱼贝和蔬菜水果。

- 不能购买凸罐、破损或超过保存期限的罐装食品。

- 购买速冻食品时要注意其是否仍保存在冷冻状态，购买到家后要即刻冷冻。

- 肉类、鱼贝等生鲜食品必须装在塑料袋或容器内储存。

- 生原料与熟食应分区放置。

烹调过程中预防食物中毒

- 处理生鲜原料，尤其是海鲜、肉蛋前后要洗手。

- 避免生熟食物交叉污染，分别准备生食和熟食的菜刀及砧板，不要让生食物接触到水果、沙拉或已烹调完成的食品。

- 与生鲜原料，尤其是动物类的原料接触过的抹布、菜刀、砧板、锅刷、海绵及其他容器、器具等都必须清洗消毒。

- 不要用手触摸熟食，不要将熟食放在室温中超过半小时。

- 收拾剩余食品前要洗手，并用干净的器皿冷藏储存好。

特别需要预防中毒的食物

- 海产品要烧熟再吃。

- 处理生鱼时不要弄破鱼胆，草鱼、青鱼、鲢鱼、胖头鱼、鲤鱼等鱼类的胆都有毒。

- 黄豆一定要煮熟透了再吃。

- 豆浆必须煮开再喝。

- 不吃发芽土豆或青西红柿。

- 吃扁豆一定要焖透，使扁豆变软后再吃。

- 购买正规商家销售的蘑菇，以免误食毒蘑菇。

食物中毒后的急救措施

● 　一旦食物中毒，要立即想办法吐出来。方法是用手指、筷子等物刺激舌根部。催吐的同时应大量饮用温开水或稀盐水，以减少人体对毒素的吸收。

● 　立即向急救中心求救，或把患者送往附近医院。

● 　保存导致中毒的食物或患者的呕吐物、排泄物，以便医院查明中毒物质后进行解毒抢救。

● 　如果是集体中毒，立即报告学校或卫生防疫等相关部门。

小·测验

请你判断下面的做法是否恰当，恰当的请画上😊，不恰当的请画上😵。

小学生安全防护读本

1.校门口有家争林小吃部，卖的酸辣粉特别好吃，晓峰经常到那里吃东西。尽管妈妈一再让他去大饭店买食物，但晓峰觉得那里的酸辣粉味道很正宗，自己吃了多次都没事。所以他仍然去争林小吃部吃东西。

2.崔彤家有两把菜刀、两个砧板，爸爸总说厨房太小了，没地方放那么多东西，建议合二为一。但崔彤和妈妈却坚决不同意。她们说要用不同的菜刀和砧板分别切生食和熟食。

3.萧春晚饭后不久，感到腹痛难忍。他记起晚餐的主菜是扁豆，想到可能是食物中毒，他便立刻用筷子刺激舌根部，让自己呕吐。

4.戴泉在买罐头时，总是认真检查其有无破损、凸起等问题，并查看保质期。

5.楚楚是个节约的孩子，她很懂得珍惜父母的劳动。家里的苹果有点儿坏了，她把坏的部分削掉，吃了好的部分。

答案

1. (xx) 这些小摊点的卫生条件往往不能保证，吃这里的食物容易引起疾病。一次两次虽然没事，但并不能保证永远没事。为了嘴巴舒服却不顾及生命安全，这样的做法欠妥。

2. (^_^) 妈妈和崔彤的做法很正确，这样可以避免因生食和熟食交叉污染带来的问题。厨房空间虽然小，但两者相比，生命还是更重要的。

3. (^_^) 如果发觉食物中毒，立刻催吐可减少人体对毒素的吸收；同时，还要及时求救。

4. (^_^) 学会看食物的保质期是非常重要的。超过了保质期的食品一定不要购买，也不要因为怕浪费而坚持吃掉。

5. (xx) 水果只要坏了一部分，其中的有害物质就会蔓延到整个水果，所以即使没坏的部分也不可食用。

用智慧做芭蕉扇

火灾逃生靠智慧

面临火灾时掌握自护自救的知识，可以使我们绝处逢生，躲过大火的侵袭。

有一户农家，因为一个烟头儿引起了火灾。火本来很小，如果浇几桶水完全可以把火熄灭。但是，可悲的是，这个五口之家一见到火就慌了手脚，他们有的用石头砸，有的用扫帚灭火，有的则拿耙子去耙。结果，这样一砸、一打、一耙，正好给火添了劲儿，助了威，一处火转眼变成了四处火，一团火很快变成了一片火。悲剧终于酿成了，其中三人烧死，两人烧成重伤。

小知识1：在家里怎样预防火灾发生

● 不在家里玩火柴、打火机等危险物品。

● 帮助爸爸妈妈检查家里的杂物，不要堆放得太多，更不要把杂物放在离火近的地方。如果你发现了，要及时提醒父母。

● 如果爸爸爱抽烟，你要帮助爸爸养成熄灭烟头儿的好习惯，告诉爸爸抽完的烟头儿要扔在有水的烟灰缸里，以免复燃。

● 家里的多种电器不要同时启用，尤其是夏天，空调、热水器、电视机、冰箱等同时使用，很容易使电线超载着火。

● 提醒爸爸妈妈用过的电器要及时断电。尤其是电熨斗、电褥子、电火锅等物品，更要注意，因为它们往往没有自动断电功能，易引起火灾。

● 告诉爸爸妈妈不要在阳台上、楼道中等地方堆积杂物，要保持这些地方行走通畅。

● 在家里备有灭火器，和爸爸妈妈一起研究怎样使用，危难时刻要会使用。

缺氧：火烧起来时，常常会产生有毒气体一氧化碳。一氧化碳是物体在燃烧不完全时产生的有毒气体，这种气体对人毒害很大，它经过呼吸道进入人体后，很快会和血液中的血红蛋白结合，形成碳氧血红蛋白，使血液失去给人体供氧的功能。这样，人体的各类器官会因为缺氧难以正常运转。例如，脑细胞会因为缺氧而头疼、头昏，甚至昏迷。

中毒：一氧化碳很厉害，它与血红蛋白结合的能力比氧气与血红蛋白结合的能力要强300倍左右，所以，当这种气体弥漫在房子里时，人们很容易中毒。

窒息：火灾中受到火焰的直接烘烤，人们往往会吸入高温的热气，从而导致器官炎症和肺气肿等疾病而窒息死亡。

烧伤：火焰或热气流损伤大面积皮肤，引起各种并发症，导致死亡。

发生火灾时，你应该怎么做？

用毛巾捂住鼻子，等待消防人员救援。

✗ 从高楼窗口跳下。

✓ 从楼梯安全出口逃生。

高楼着火自救

• 火灾发生时，要保持冷静，给"119"打电话报警，等待救援。

● 先判断是哪里着火了，搞清楚位置才能选择更好的逃生路线。不要贪恋财物，不要因为身上没穿多少衣服而到处寻找，生命才是最宝贵的。

● 估计火灾大小，火灾不大的情况下，把自己的头部和身上的衣服淋湿，或是把被单、毛巾等用水淋湿，披在身上，闯过火场。

● 当楼里浓烟很大时，要蹲下或者在地上爬行，并用湿毛巾捂住鼻子、嘴巴，因为浓烟很有可能使人中毒。

● 不要乘电梯，要尽可能走消防楼梯。逃生时不要过于拥挤，否则反而容易被踩伤摔伤。

● 如果火太大封住了门，就不要轻易开门。用打湿的被子等堵住房门，再跑到阳台上呼救并等待消防队员的到来。

怎样拨打 "119"

- 拨打 "119" 时要冷静，说清楚着火地点，家住哪个区、哪条路、哪个住宅区、第几栋楼、具体门牌号。

- 说清楚你的姓名和联系电话。

- 说清楚是什么物品着火了，因为不同物品着火可采用不同救援方式。

- 如果可能，要到路口接应救火车。

娱乐场所或商场自救

- 到娱乐场所或商场去时，先看看安全出口在哪里。很多商场、娱乐场所都有安全出口标识 "EXIT"。

- 利用疏散通道逃生。在逃生时尽量抓着扶手，以免被人群挤倒。

● 如果浓烟很大，无处逃生，可以就近寻找避难地点，如阳台、楼顶等地。还可以到厕所等比较密闭的空间里去，但要将门窗关严，并利用自来水浇湿门窗，阻止火苗或烟雾进来。

地铁着火时的自救

● 听从车站调度人员的指挥和安排，根据地铁站的安全疏散标识撤离危险地带，不要惊慌乱跑。

● 站台起火，要注意远离站台上供电的那些电力设备。

● 列车着火，车厢内一片漆黑时，尽量寻找照明工具以确定自己所处的位置。

● 列车未到达站台时，不要盲目跳车，因为铁轨往往带有高压电。

● 如果有大量烟雾、毒气散布开来，要注意避免中毒，最好能弯腰或趴下前进。

小·测验

请你判断下面的做法是否恰当，
恰当的请画上😊，不恰当的请画上😵。

1.着火时周围一片漆黑，如果哪里有光亮，要赶快奔向哪里。

2.一个人的智慧总不如大家的智慧，着火时人家往哪里逃我就往哪里跑。

3.楼越高越危险，高楼里着火了，要赶紧往楼下跑。

4.遇到有浓烟的地方要爬行，或者用弯腰的姿势经过。

5.火苗儿烧到身上，要使劲儿跑，这样火苗儿就被风吹灭了，或赶快用手拍打火苗儿。

答案

1. 😵 火灾发生时，电路往往被火烧断。周围大多比较黑。而光亮的地方，恰恰有可能是火星、火光、火灾引发的地方。因此不能轻易到有光亮的地方去。

2. 😵 盲目模仿别人是很危险的行为。在火灾发生时大多数人不了解合理的逃生路线，如果这时你也盲目地跟着别人跑，很有可能走到拥挤的人群中，还是一条错误的路线。

3. 😵 在通道已经被火封住，下层一片火海时，往下跑等于自投罗网。理智的办法是到楼顶去，或者在家中想办法自救。

4. 😊 大火中的浓烟多飘浮在上层，而在离地面30厘米以下的地方会有空气存在，而且越靠近地面空气越新鲜。所以，逃生时最好采取爬行姿势。

5. 😵 身上着火，不要惊慌地乱跑，也不要用手或其他物品拍打火苗儿，最好的办法是就地打滚，或用厚重的身体和衣服压灭火苗儿。

不该有的 飞翔

儿童坠楼隐患须提防

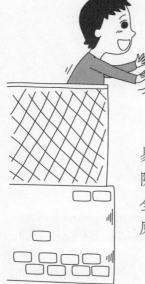

5岁～10岁的少年儿童很容易发生坠楼事件，家庭忽略安全防护，忽略对孩子进行必要的安全教育，是导致悲剧降临的主要原因。

2013年的一天，一名3岁男孩被送进急诊室。这名男孩家住上海松江区小昆山六村，清晨6时50分，他从家中窗口坠落，多处受伤。事发时男孩没有大人照看，这名小男孩只是去窗口看看有没有下雨，一不留神就滑了下去。坠楼后，男孩意识仍然清醒，迅速被送往上海市第一人民医院，随后转往儿科医院。经初步诊断，男孩双腿骨折、肛门撕裂。

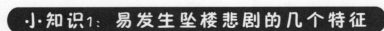

小·知识1：易发生坠楼悲剧的几个特征

男孩更容易发生坠楼事件，这是因为他们比女孩更好动。6岁以下儿童是坠楼发生较多的年龄段。这是因为他们已经有了一定的活动能力，但自我控制能力差，即使家长一再强调某些行为是危险的，他们也往往管不住自己；另外，儿童坠楼事件不像人们想象的那样大多发生在高层，低楼层反而发生事故的较多。家住高楼的孩子，常常被父母看护得更严格，而家住低楼层的居民，在感觉上产生安全感，反而更容易发生事故；阳台护栏的高度，往往是孩子坠楼事故的危险线。

小·知识2：高楼防护栏的要求

坠楼不仅发生在少年儿童身上，成年人也容易因为自身疏忽或者缺乏防范意识而坠楼。因此，高楼建筑应确保防护栏达到一定标准。根据民用建筑设计规范要求，阳台、外廊、室内回廊、内天井及室外楼梯等临空处，都应设置防护栏，而且高度应在1.05米～1.10米之间。

独自在家时，要时刻注意安全。

　　一天晚上，到了父母平时该回家的时间，可是他们一直没有回来。晓琳自己在家里焦急地等待着。小屋里没有电话，她不知道父母何时能回来。眼看着夜幕降临，晓琳只好趴在窗户上张望。因为个子矮，站在窗口的她只能看见前面的方向，两边的路口都看不到。她很想拿一把椅子站在上面，这样她就可以把头伸出窗外，能让自己看得更远了！但是，她始终记得爸爸说的话：不许踩着凳子站在窗口，因为凳子的高度很高，站在窗口很容易一头栽下楼。所以，她没有去拿椅子，只是站在原地继续乖乖地等着爸爸妈妈回来。

如何防止坠楼

• 高楼安全防范首先要有防护栏作保障，同学们可以和爸爸妈妈一起检查一下家里的护栏、窗户、阳台、飘窗等，看看是否安全、牢固。

• 量一量，阳台、护栏、外廊等高度要在1.1米以上。

• 一些专门供儿童玩乐的地方，要使用垂直栏杆，避免儿童攀爬。

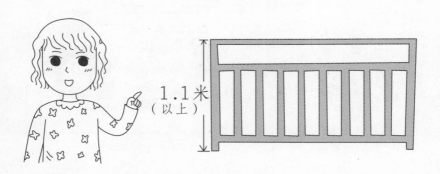

1.1米
（以上）

- 垂直栏杆的间距不能大于0.11米。

- 沙发和床等尽量不要放在靠窗的位置。

- 年龄小的孩子不要单独在家。

- 平时养成好习惯，不要从窗户探头出去。站在窗户和护栏前时要站直身体。

小学生安全防护读本

坠落后的救护措施

- 一旦遇到坠楼受伤的儿童，不要随意去触碰和搬动伤者。

....

- 尽快通知成年人，请成年人来处理这些事。

....

- 打"120"急救电话，说清楚事故发生的地点，包括街道、小区、门牌号等具体信息。

....

- 注意保持伤者呼吸畅通。

....

- 尽可能平卧、头侧放。

....

- 移动时平移、平抬，不要使身体扭曲。

请你判断下面的做法是否恰当，
恰当的请画上😊，不恰当的请画上😵。

1. 想看得更远，我就搬个椅子站在窗户前。

2. 为了空气清新，我喜欢把床放在窗户前。

3. 打扫卫生的时候，我站在窗户前的书桌上擦玻璃。

4. 暑假爸爸妈妈带我到叔叔家的别墅去玩。飘窗很漂亮，阳台也有护栏，我还是督促父母检查了护栏是否牢固。

5. 到同学家玩耍，他家顶楼的大阳台非常漂亮，我们安静地坐着看书玩游戏，不打打闹闹。

1. 站在窗户前的椅子上，容易不小心向前栽。由于椅子有一定高度，使你的身高超过了窗前防护栏的高度，容易导致坠楼。

2. 把床放在窗户前本身并没有错，但如果缺了防护栏就很危险。有的小朋友在床上玩耍，开着的窗户就成了安全隐患。

3. 小朋友尽量不要擦玻璃，如果一定要做，最好去擦卫生间、卧室等的玻璃门，而不要擦直接朝向户外的玻璃，更不要站在凳子上、书桌上、窗台上擦玻璃，否则，一不小心就会导致坠楼。

4. 你的做法非常聪明！很多新楼房设计得非常漂亮，也安装了防护栏，但是即使这样也不可掉以轻心。有的防护栏因为时间长也会被风化，变得不牢固。如果在玩耍

5.😊 有的阳台虽然已经安装了防护栏或者玻璃墙，但并不意味着安全。尤其是在小朋友打打闹闹时，更容易撞坏防护栏或者撞碎玻璃。所以，在高处休闲的时候，要尽量选择安静的活动。所以，你是对的！

药物滥用
等于自杀

注意家庭用药安全...

　　使用药物一定要严格遵照规定，滥用药物很容易导致药物成瘾，伤害身体和精神。

实例 1

2007年某日凌晨，刚上初中的学生杨伯辉从宿舍楼六楼跳下，结束了年仅13岁的生命……是什么原因让这位风华正茂的少年放弃了生命？死因居然是因为服用止咳露上瘾！原来，升入初中后，老师布置的作业越来越多，杨伯辉每天晚上都要做到很晚才能睡觉。由于睡眠不足，杨伯辉上课时经常昏昏沉沉，没办法集中注意力。他听朋友们讲，喝止咳药会让人有精气神儿，不仅不瞌睡，而且还使人浑身轻松，有什么烦恼瞬间就忘记了。于是，杨伯辉喝起了止咳药。久而久之，杨伯辉上瘾了。他想戒掉，但是为时已晚。无法控制日渐增加的药量，杨伯辉万念俱灰，更感觉对不起父母，于是他选择了结束生命。

小知识1：什么是药物滥用

　　药物滥用就是不按照医疗规范使用药物。它的特点是长期使用过量，这些药物大多容易形成依赖性，甚至导致成瘾或出现行为异常、精神错乱等问题。药物滥用的特点是不遵照医嘱、自己用药、不遵守剂量。渐渐地，使用者会对药物产生依赖而不能自拔，对身体或精神造成伤害。

小知识2：哪些药物易被滥用

　　第一种是抗生素类药物：一些有消炎作用的药物，如庆大霉素、头孢、阿莫西林等，经常被医生用来消除炎症，杀灭细菌。但如果使用时间过长，使用量过大，很容易损伤身体，比如使人耳聋。

　　第二种是解热镇痛类药物：如索米片、非那西丁、氨基比林等药物，在医院里用来解热镇痛。但是这类药的副作用是容易给肾脏造成损害，甚至导致败血症。如果长期使用，并且超过规定的药量，会严重损害身体健康。

第三种是一些中药:中药一直被人们认为比较温和,和前面提到的那些西药相比,对人体的伤害更小。但如果长期服用某些中药,也容易伤害身体。例如人参,大家都认为它是对身体大补的好药材,但如果滥用甚至会导致死亡。

自护智多星 　　科学管理家中常见药物,杜绝滥用药物的行为。

　　一天放学后,童念泽拿回来一个漂亮的塑料盒,里面分了很多小格子。妈妈一看盒子漂亮,高兴地说:"这个给我装首饰正好,我可以把我的项链、戒指、手镯等分门别类地装在盒子里,以后使用就方便了。"念泽听妈妈这样说,赶紧跟妈妈说:"这可

不行，这是学校发给我们的，要求我们回家把药物分类放好。今天在学校里老师讲了药物的科学使用，家里的很多药物要看一下有效期，过了期限的就不能再使用了。还有，老师说药物不能随便使用，更不能超过剂量。所以，我要把家里的药物都整理一遍。妈妈您也帮我吧！"

看到儿子认真的表情，妈妈笑着说："念泽懂事了，知道保护自己和家人了，家里的药物的确要管理好。我以前在这方面做得不好，把各种药物都混在一起放在抽屉里，很少清理，说不定有一些都过期了呢！好吧，妈妈今天就跟你一起清理家里的药物。"

正说着，门铃响了，原来是邻居王奶奶。王奶奶焦急地说她的小孙子发烧了，一直高烧不退，问家里有没有退烧药和消炎药。妈妈是个热心肠，赶紧去翻装药物的抽屉给王奶奶找药，还一边翻一边说："我们家里的药多着呢，您多拿点儿去！要想让孩子退烧快，您就多给双倍的药量！"

念泽一听急了，他说："那可不行，吃药一定要按照药盒上标明的药量来吃，吃多了对身体有伤害的。这个也是上午老师刚刚讲过的！而且小孩子吃的药和大人的不同，不能让他吃大人的药！我觉得王奶奶还是应该带着小朋友去医院，医生对症下药才最安全！"

最终，童念泽说服了王奶奶和妈妈，王奶奶带着孙子去医院了。后来才知道，王奶奶的孙子发烧的原因是出疹子，吃退烧药是完全没用的。念泽用他的智慧保护了王奶奶的小孙子，也给妈妈和王奶奶上了一课。

如何避免药物滥用

- 阅读药品知识，了解药物的副作用。

- 抗菌类药物要严格按照医嘱服用。

- 不要因为对药物好奇就去尝试。

- 避免预防性用药，比如因为害怕感冒先吃些感冒药等。尤其是抗生素，更不可作为预防性药品来使用。

- 使用正规品牌的药物。有病要请医生诊断，不要自己随意用药。

- 不要为了增强治疗效果，盲目地将几种抗生素混合使用。

整理好家中的小药箱

- 不要把各种药物混合在一起放置。

- 经常整理药箱，对过期的药物要及时扔掉，同时要及时补充一些新的药。

- 外用药、气味刺鼻的药物要单独放置。

- 药物要放在孩子不能拿到的地方。

- 老人、儿童和青壮年在用药量上有所不同，要特别注意说明书。

- 不要轻易扔掉药物的外包装盒和说明书。很多药物的说明印在外包装盒上，吃药前先看清楚说明书。

- 药品最好放在干燥、密闭、阴凉的地方，避免高温曝晒或潮湿。

小·测验

请你判断下面的做法是否恰当，恰当的请画上☺，不恰当的请画上☒。

1.悦悦扁桃体发炎了，妈妈给她拿来头孢吃，说吃了这个就可以消除炎症。吃了一天不见好，妈妈又增加了另外一种消炎药阿莫西林。妈妈说这样才能好得快，否则就耽误考试了。

2.天冷了，为了预防感冒，妈妈说要先喝一些板蓝根等中药，这样可以预防感冒，更不会被同学传染。小明不同意妈妈的做法，他说锻炼身体更能增强体质。

3.晓晴嗓子疼得厉害，妈妈给她喝中药口服液。按照药盒上的说明，每次一支，每天三支。可是妈妈说中药没有副作用，多喝两支好得快。

4.妈妈经常偏头疼，她把买来的三种药物包装都拆开，把一个个药粒从密封的锡箔里取出，装在一个小盒子里，她说这样带着上班比较方便。

答案

1.😵 抗生素使用要严格遵照医嘱，不能过量使用，也不能长期使用，更不能为了增加效果将几种药混合使用。

2.😊 小明的做法很对，要提高抵抗力，最重要的办法是增强体质，因此，运动是最有效的办法。靠提前吃药预防，只能给身体带来伤害。

3.😵 虽然中药比较温和，但是也不可过量服用。有些口服液所含的中药成分具有成瘾性，更要按量使用。嗓子疼要多喝水，吃一些清淡食物，以调理身体为主。

4.😵 药物用锡箔密封，是为了与空气隔绝，这样才能使药物保存时间更长，而且不与空气接触。如果都拆开混在一起，一方面三种药物会互相混合，影响药效；另一方面也会使药物的保存时间缩短。另外，拆除了外包装盒，上面的说明和生产日期等信息均看不到了，很容易忘记药物的使用期限和注意事项等。

小学生安全防护读本